Sitzungsberichte der Heidelberger Akademie der Wissenschaften
Mathematisch-naturwissenschaftliche Klasse

Die Jahrgänge bis 1921 einschließlich erschienen im Verlag von Carl Winter, Universitätsbuchhandlung in Heidelberg, die Jahrgänge 1922—1933 im Verlag Walter de Gruyter & Co. in Berlin, die Jahrgänge 1934—1944 bei der Weiß'schen Universitätsbuchhandlung in Heidelberg. 1945, 1946 und 1947 sind keine Sitzungsberichte erschienen.

Jahrgang 1939.
1. A. SEYBOLD und K. EGLE. Untersuchungen über Chlorophylle. DM 1.10.
2. E. RODENWALDT. Frühzeitige Erkennung und Bekämpfung der Heeresseuchen. DM 0.70.
3. K. GOERTTLER. Der Bau der Muscularis muscosae des Magens. DM 0.60.
4. I. HAUSSER. Ultrakurzwellen. Physik, Technik und Anwendungsgebiete. DM 1.70.
5. K. KRAMER und K. E. SCHÄFER. Der Einfluß des Adrenalins auf den Ruheumsatz des Skeletmuskels. DM 2.30.
6. Beiträge zur Geologie und Paläontologie des Tertiärs und des Diluviums in der Umgebung von Heidelberg. Heft 2: E. BECKSMANN und W. RICHTER. Die ehemalige Neckarschlinge am Ohrsberg bei Eberbach in der oberpliozänen Entwicklung des südlichen Odenwaldes. (Mit Beiträgen von A. STRIGEL, E. HOFMANN und E. OBERDORFER.) DM 3.40.
7. Studien im Gneisgebirge des Schwarzwaldes. XI. O. H. ERDMANNSDÖRFFER. Die Rolle der Anatexis. DM 3.20.
8. Beiträge zur Geologie und Paläontologie des Tertiärs und des Diluviums in der Umgebung von Heidelberg. Heft 4: F. HELLER. Neue Säugetierfunde aus den altdiluvialen Sanden von Mauer a. d. Elsenz. DM 0.90.
9. K. FREUDENBERG und H. MOLTER. Über die gruppenspezifische Substanz A aus Harn (4. Mitteilung über die Blutgruppe A des Menschen). DM 0.70.
10. I. VON HATTINGBERG. Sensibilitätsuntersuchungen an Kranken mit Schwellenverfahren. DM 4.40.

Jahrgang 1940.
1. F. EICHHOLTZ und W. SERTEL. Weitere Untersuchungen zur Chemie und Pharmakologie der Heidelberger Radiumsole. DM 2.20.
2. H. MAASS. Über Gruppen von hyperabelschen Transformationen. DM 1.20.
3. K. FREUDENBERG, H. WALCH, H. GRIESHABER und A. SCHEFFER. Über die gruppenspezifische Substanz A (5. Mitteilung über die Blutgruppe A des Menschen). DM 0.60.
4. W. SOERGEL. Zur biologischen Beurteilung diluvialer Säugetierfaunen. DM 1.—.
5. Annulliert.
6. M. STECK. Ein unbekannter Brief von Gottlob Frege über Hilbert's erste Vorlesung über die Grundlagen der Geometrie. DM 0.60.
7. C. OEHME. Der Energiehaushalt unter Einwirkung von Aminosäuren bei verschiedener Ernährung. I. Der Einfluß des Glykokolls bei Hund und Ratte. DM 5.60.
8. A. SEYBOLD. Zur Physiologie des Chlorophylls. DM 0.60.
9. K. FREUDENBERG, H. MOLTER und H. WALCH. Über die gruppenspezifische Substanz A (6. Mitteilung über die Blutgruppe A des Menschen). DM 0.60.
10. TH. PLOETZ. Beiträge zur Kenntnis des Baues der verholzten Faser. DM 2.—.

Jahrgang 1941.
1. Beiträge zur Petrographie des Odenwaldes. I. O. H. ERDMANNSDÖRFFER. Schollen und Mischgesteine im Schriesheimer Granit. DM 1.—.
2. M. STECK. Unbekannte Briefe Frege's über die Grundlagen der Geometrie und Antwortbrief Hilbert's an Frege. DM 1.—.
3. Studien im Gneisgebirge des Schwarzwaldes. XII. W. KLEBER. Über das Amphibolitvorkommen vom Bannstein bei Haslach im Kinzigtal. DM 1.60.
4. W. SOERGEL. Der Klimacharakter der als nordisch geltenden Säugetiere des Eiszeitalters. DM 1.40.

Sitzungsberichte
der Heidelberger Akademie der Wissenschaften
Mathematisch-naturwissenschaftliche Klasse

Jahrgang 1953, 1. Abhandlung

Über die Struktur der Sinnesmannigfaltigkeit und der Reizbegriffe

Von
Yrjö Reenpää

Vorgelegt in der Sitzung vom 8. November 1952

Springer-Verlag Berlin Heidelberg GmbH

ISBN 978-3-662-22909-5   ISBN 978-3-662-24851-5 (eBook)
DOI 10.1007/978-3-662-24851-5

Alle Rechte, insbesondere das der Übersetzung in fremde Sprachen,
vorbehalten

Ohne ausdrückliche Genehmigung des Verlages ist es auch nicht gestattet, diese Abhandlung oder Teile daraus auf photomechanischem Wege (Photokopie, Mikrokopie) zu vervielfältigen

Copyright 1953 by Springer-Verlag Berlin Heidelberg

Ursprünglich erschienen bei Springer Verlag Berlin Gottingen Heidelberg 1953.

Über die Struktur der Sinnesmannigfaltigkeit und der Reizbegriffe.

Von

Yrjö Reenpää, Helsinki.

Inhaltsübersicht.   Seite

Die KANTische Zweiteilung des Verstandes in Anschauung und Begriff   3
Die Anschauungsmannigfaltigkeit und ihre Wiedergabe mittels adäquater (Reiz-) Begriffe 5
Über die Darstellung (Abbildung) der Sinnesmannigfaltigkeit mittels eines arbiträren Parameters (mit einer nichtadäquaten Reizgröße) 16
Darstellung der extensionalen Sinnesobjekte in der Sinnesmannigfaltigkeit mittels intensionaler Vektorenbegriffe. Über „geodätische" Reizgrößenbeschreibung in „linearen" Reizgrößenmannigfaltigkeiten 22
Über die Abbildung einer Sinnesmannigfaltigkeit mit Hilfe von zwei Reizparametern 25
Literatur 28

Die Kantische Zweiteilung des Verstandes in Anschauung und Begriff.

Um gleich am Anfang der Behandlung der Strukturfrage der Sinnesmannigfaltigkeiten die KANTische Lehre vom Verstand hervorzuheben, ist das in späterer Zeit mit dem Namen der Wahrnehmung bezeichnete in der obigen Überschrift mit der Bezeichnung der Anschauung benannt. Es ist nämlich meines Erachtens unmöglich, eine Strukturlehre aufzubauen ohne der von KANT gegebenen Grundlage, d. h. ohne Berücksichtigung der Struktur des Verstandes. Die Struktur der Wahrnehmung, der Anschauung und diejenige der Begrifflichkeit bilden beide zusammen die Struktur des Verstandes, welcher Anschauung und Begriff ist. In gewöhnlicher Wortsprache kann die Struktur des Verstandes in Kürze folgendermaßen wiedergegeben werden (s. hierzu REENPÄÄ 1952). Anschauung ist Anschauung a priori, Zeit- und Raumanschauung, und Anschauung a posteriori, Anschauungsqualität und -intensität. Außer diesen einstelligen Anschauungsobjekten haben wir die zwei- und mehrstelligen Anschauungsobjekte, von denen hier dasjenige der Anschauungsgleichheit, insbesondere die Gleichzeitigkeit zu berücksichtigen ist. Alle

Anschauung ist im „Jetzt", aktuell; was nicht aktual zeitlich ist, gehört dem Begrifflichen zu. Wenn von den einstelligen Anschauungsobjekten das Aktualzeitliche weggenommen wird, bleibt ein Rückstand, der ein zeitenthobenes Objekt, ein Begriff, z. B. ein Begriff des Räumlichen (ein geometrischer Begriff) oder ein Begriff der Qualität ist. Das Zeitlichsein im „Jetzt" ist also deutlich das Scheidende zwischen den einstelligen Objekten der Anschauung und den einstelligen Objekten der Begrifflichkeit. Aber auch zwischen den zwei- und mehrstelligen Objekten der beiden Bereiche bildet die Aktualzeit die Scheidewand; wobei die anschauliche Gleichzeitigkeit der begrifflichen Konjunktion, der Und-Verbindung entspricht; hierüber später des näheren. Die Zeit hat hiernach eine ausgezeichnete Stellung unter den Objekten des Verstandes; diesem Verhalten soll auch später bei der genauen, mittels Zeichen geschehenden Wiedergabe der Struktur der Anschauungsmannigfaltigkeit Rechnung getragen werden. Der von den evidenten, gegebenen ein- und mehrstelligen Objekten aufgebauten Anschauungsmannigfaltigkeit, der Extensionsmannigfaltigkeit entspricht das zeitenthobene Begriffsgebäude, die Intensionsmannigfaltigkeit (REENPÄÄ 1950), mit ihren ein- und mehrstelligen Objekten. Zu unserem Begriffsvorrat gehört auch die im direkten Zusammenhang mit der Anschauungsmannigfaltigkeit bestehende, diese „beschreibende" Begriffsmannigfaltigkeit, welche auch eine „Reizgrößenmannigfaltigkeit" genannt werden könnte, mit ihren sehr verschiedenen Wiedergebungsarten. Da alle Reizsetzung in der Sinnesphysiologie und Psychologie, unseres Erachtens, zu einer solchen, die ˙aktuale Anschauungsmannigfaltigkeit mit Begriffen beschreibenden Handlung gehört, betrifft die Frage der Struktur der Sinnesmannigfaltigkeit die ganze Sinnes- und Reizphysiologie. Ich möchte aber außerdem glauben, daß eine Beschreibung der Sinnesmannigfaltigkeit, im Grunde, wenn sie allgemein genug sein könnte, was hier nicht der Fall ist, eine Darstellung dessen geben könnte, wonach viele exakte Wissenschaften in der Beschreibung ihrer Objekte streben.

Bevor wir eine möglichst genaue Darstellung dessen versuchen, was oben in gewöhnlicher Wortsprache wiedergegeben wurde, soll eine Stelle bei WEYL, der uns das Muster der folgenden Darlegung gegeben hat, zitiert werden, eine Stelle, die zeigt, daß seine Gedanken vielleicht sich in einer Richtung bewegt haben, die von der unsrigen nicht allzu weit liegt. WEYL schreibt, nach Behandlung der großen Themata vom affinen Raum und der Euklidischen und Nicht-Euklidischen sowie der RIEMANNschen Geometrie, folgendes: „Das Beispiel des Raumes ist zugleich sehr lehrreich für diejenige Frage der Phänomenologie, die mir die eigentlich entscheidende zu sein scheint, inwieweit die Abgrenzung der dem Bewußtsein aufgehenden Wesenheiten eine dem Reich des Gegebenen selbst eigentümliche Struktur zum Ausdruck bringt und inwieweit an ihr bloße Konvention beteiligt ist."

Unser phänomenologisches Problem soll demnach sein, zu untersuchen, welche die dem „Gegebenen" (der Anschauung) eigentümliche Struktur ist und wie sich hieraus die dem Bewußtsein aufgehenden Wesenheiten (die Begriffe) zum Ausdruck gebracht werden oder inwieweit sie nur durch Konvention aufgestellt werden.

Die Anschauungsmannigfaltigkeit und ihre Wiedergabe mittels adäquater (Reiz-) Begriffe.

Wenn wir die Anschauungsmannigfaltigkeit genau zu beschreiben versuchen, mit Verwendung von Zeichen, tun wir es nicht in betreff eines bestimmten Sinnes, sondern allgemein; die Beschreibung soll also die Sinnesmannigfaltigkeiten im allgemeinen betreffen. Dieses Verfahren hat die Tradition für sich; die philosophische Behandlung der Anschauung hat immer das Sinnlich-Konkrete vermieden, wahrscheinlich zu ihrem eigenen Nachteil. Wir wollen aber doch gemäß dieser Tradition verfahren, da der von uns versuchte Schritt, die exakte Behandlung der Sinnesmannigfaltigkeit, schon in sich eine Konkretisierung der philosophischen Frage ist.

Das Zeitliche der Sinnesmannigfaltigkeit ist das aktuale „Jetzt". Seine „Dauer" ist kurz und wir haben ihm darum früher die Dimensionszahl null beigelegt. Die übrigen anschauungsgemäß einheitlichen Teile der Sinnesmannigfaltigkeit sind höher-dimensioniert, im allgemeinen eindimensional. Dies ist ein Ausdruck für die anschauungsgemäß evidente Tatsache, daß die Anschauungsobjekte der Intensität und der Qualität, also die beiden Anschauungsobjekte a posteriori (in den meisten Sinnesgebieten) eine Veränderung erleiden können, welche nur in einer Richtung (unverzweigt) vor sich gehen kann. Das Anschauungsobjekt a priori, die Raum- oder allgemeiner Lokalanschauung ist in der jetzt behandelten Beziehung schwerer zu fassen; wir nehmen sie bis auf weiteres auch als eindimensional an.

Die Anschauungsmannigfaltigkeit ist also eine vieldimensionale Mannigfaltigkeit mit einer eigenartigen Zeitdimension sowie den Anschauungsdimensionen der Lokalität, der Qualität und der Intensität. Wir wollen nun versuchen, die Beschreibung der Struktur dieser Mannigfaltigkeit in einer Weise vorzunehmen, welche sich an die Beschreibung der Struktur der Raummannigfaltigkeit anlehnt, an diese hochentwickelte geometrisch-mathematische Disziplin, welche manchen Zweigen der Physik die anschauliche Grundlage gegeben hat. (Die in dieser Arbeit versuchte Darlegung der Sinnesmannigfaltigkeit wurde von uns in der Abhandlung „Der Verstand als Anschauung und Begriff", 1952, besonders im Anfang des II.Teils angedeutet, „Die Synopsis in der Anschauung".)

Ein Anschauungsobjekt der Sinnesmannigfaltigkeit ist in irgendeiner Weise eine Zusammenfassung seiner, in den Anschauungsdimensionen steckenden Teile. Wie soll diese „Zusammenfassung" verstanden und beschrieben werden? Wenn das Anschauungsobjekt sich anschauungsmäßig verändert, und zwar nur in betreff einer seiner Teile, z.B. nur in betreff seiner Intensität, und des weiteren nur in anschauungsgemäß minimalem Maße, in sinnesphysiologischer Terminologie um eine Erlebnisunterschiedsschwelle, z. B. der Intensität, kann diese minimale Veränderung oder Verschiebung der Anschauung mittels dem Zeichen $_e e_i$ bezeichnet werden. Die Indizes bedeuten: e daß es sich um Anschauungsobjekte, Extensionalitäten handelt und i daß die Dimension, der einheitliche Teil der Anschauung, diejenige der Intensität ist. Die Größe $_e e_i$ ist also eine extensionale „Elementargröße" der Anschauung. Wenn man der Anschauungsveränderung, in Analogie mit der Raumgeometrie, die Bezeichnung einer Verschiebung gibt, ist $_e e_i$ die Bezeichnung des „extensionalen Elementarvektors" der Anschauungsintensität. Entsprechend haben wir die minimale Anschauungsverschiebung der Qualität (q), bezeichnet mit dem Zeichen des entsprechenden Elementarvektors $_e e_q$, sowie die schwellenmäßige Anschauungsverschiebung der Lokalität (l) und deren extensionalen Elementarvektor $_e e_l$. Die extensionale Zeitdimension mit ihrer Dimensionszahl null, ihrem „Aktual-Jetzt", lassen wir bis auf weiteres beiseite und versuchen die Aktualität der Sinnesmannigfaltigkeit weiter auszubauen, ohne diesen wesentlichen Bestandteil.

Es ist anschauungsmäßig evident, daß eine größere Veränderung innerhalb einer Dimension der Sinnesmannigfaltigkeit sich aus den besprochenen minimalen anschaulichen Veränderungen, den Elementarveränderungen, in der Weise zusammensetzt, daß diese in einer bestimmten Anzahl (k) in ihr einhergehen. Das extensionale „Einhergehen" ist ein Gleichzeitigbestehen; eine höhere anschauliche Intensität ist das gleichzeitige Bestehen der vielen „Elementarintensitäten", ein größeres extensionales Lokalobjekt, z. B. eine anschauliche Fläche, ist das gleichzeitige Bestehen vieler Schwellenflächen. Die Veränderung des Objekts einer extensionalen Qualität besteht in der Folge von vielen minimalen extensionalen Qualitätenschritte. Wenn nun das zwei- (oder mehr-)stellige Objekt der Gleichzeitigkeit mit dem Zeichen : wiedergegeben wird, können wir das gleichzeitige Bestehen, erstens der anschaulichen Elementarextensionen der Erlebnisschwellen mit $_ee_i : {_e}e_q : {_e}e_l$ bezeichnen und zweitens, entsprechend, das Bestehen einer überschwelligen Extensionalität, z. B. der überschwellig dritten Lokalität mit dem Zeichen $_ee_l : {_e}e_l : {_e}e_l$. Diese zwei Zeichenreihen enthalten also sowohl ein- als zweistellige Zeichen von ein- und zweistelligen extensionalen Objekten, und die Reihen bezeichnen bestimmte einfache Zusammenfassungen, Gestalten der Anschauungsmannigfaltigkeit.

Alles oben Dargelegte ist eine Beschreibung und Bezeichnung von rein Anschauungsmäßigem. Wenn wir es ins Intensionale überführen, also von der Zeitaktualität entheben, bekommen wir ein Begriffssystem, dessen Struktur vom Extensionalen bestimmt ist. Dies kann folgendermaßen vorgenommen werden. Die anschaulichen, extensionalen Schwellenerlebnisse, z. B. die Schwelle der Erlebnisintensität $_ee_i$, sind, wenn sie zeitenthoben werden, zu Objekten, Begriffen transformiert worden; das Schwellenerlebnis des Gesichts wird solcherart zum Begriff einer Minimallichtintensität (nicht zu verwechseln mit den in der Physik gebrauchten Lichtintensitätsbegriffen). Diesen zeitenthobenen, einfachen Begriff, der nur mittels Zeitenthebung gewonnen ist, bezeichnen wir mit $_ie_i$, wobei der links stehende Index (i) das Intensionale bezeichnet. Und entsprechend bei den anderen Extensionsdimensionen: $_ie_q$ und $_ie_l$, welche Zeichen also ein begriffliches Qualitätselement bzw. Lokalelement dargeben. Wie später des näheren gezeigt werden soll, können wir diese Größen auch als adäquate Reizgrößeneinheiten der entsprechenden Anschauungen betrachten. In betreff der einstelligen Elementar- oder Schwellenobjekte ist der Sprung vom Extensionalen zum Intensionalen also einfach; in betreff des zweistelligen Objekts der Gleichzeitigkeit ist er nicht ebenso leicht erkennbar. Wir zeigten früher mittels der Werteverteilungen der Wirklichkeit bzw. der Wahrheit (REENPÄÄ 1950), daß die zweistellige extensionale Verknüpfung der Gleichzeitigkeit (bezeichnet :) dieselbe Verteilung der Wirklichkeitswerte hat, wie die intensionale Verknüpfung der Konjunktion, der Und-Verbindung (bezeichnet ·) es in betreff der Wahrheitswerte besitzt. Auf Grund hiervon muß die Konjunktion als intensionale Entsprechung der extensionalen Gleichzeitigkeit betrachtet werden. Die nähere Darlegung dieses Verhältnisses wollen wir hier nicht wiederholen, verweisen nur darauf, daß dies auch einleuchtend ist; das begriffliche Und-Sein hat seinen anschaulichen Grund in dem Gleichzeitig-Sein.

Die begriffliche, extensionale Entsprechung der Gleichzeitigkeitsgestalt der Einheitsextensionen $_e e_i : _e e_q : _e e_l$ ist also: $_e e_i \cdot _e e_q \cdot _e e_l$. In gleicher Weise wird das dem extensionalen Überschwellenobjekt $_e e_l : _e e_l : _e e_l$ entsprechende intensionale Objekt mit der Zeichenreihe $_i e_l \cdot _i e_l \cdot _i e_l$ angegeben. Den Gleichzeitigkeitsanschauungen entsprechen also Konjunktionsbegrifflichkeiten. Diese können aber auch in einer mehr geläufigen Weise dargestellt werden. Die extensionalen Minimalobjekte, z. B. die $_e e_l$, welche zu einer und derselben überschwelligen Anschauung „gehören", sind, als Schwellen, untereinander gleich (was schon in ihrer gleichen Bezeichnung angedeutet wurde). Ihre intensionalen Entsprechungsobjekte, bezeichnet $_i e_l$, sind demgemäß intensionale Begriffe, deren gleiche Größe eben in dieser extensionalen Minimalgleichheit ihren Grund hat. Eine Konjunktion von Intensionsgrößen der gleichen Art kann aber als eine Summierung von ihnen verstanden werden, wonach das Konjunktionszeichen in diesem Falle durch das Zeichen + ersetzt werden kann. Unsere Zeichenreihe wäre somit $_i e_l + _i e_l + _i e_l$ oder gleich $3 \times _i e_l$. Die einer eindimensionalen überschwelligen Anschauung entsprechende Intensionsgröße wäre hiernach allgemein mit der Zeichenreihe $k \times _i e_n$ wiederzugeben, wobei k die in der Größe eingehende Anzahl von Schwellen oder „Elementarvektoren" angibt und der Index n die Dimensionsart andeutet.

In dem Falle, daß die konjugierten Elementarvektoren zu verschiedenen Dimensionen gehören, wie bei dem von der Zeichenreihe $_i e_i \cdot _i e_q \cdot _i e_l$ wiedergegebenen Objekte, liegt die Sache etwas anders. Die Extensionalität dieses Objektes ($_e e_i : _e e_q : _e e_l$) ist dieselbe Gleichzeitigkeit (:) wie im vorigen Falle mit den Elementarvektoren von derselben Dimensionsart. In dem Falle mit verschiedenartigen

Elementarobjekten kann aber die intensionale Konjunktion nur in dem Falle als eine Summenbildung verstanden werden, daß die Maßzahlen der Elementargrößen irgendwie erhalten sind und daß diese dann summiert werden können. Die Bestimmung der Größe der Maßzahlen wurde aber eben dargelegt; sie ist gleich der Anzahl der in den betreffenden Größen einhergehenden Elementarvektoren. Wir können demgemäß die Zeichenreihe $k_1 \times {}_ie_i \cdot k_2 \times {}_ie_q \cdot k_3 \times {}_ie_l$ durch die Reihe $k_1 \times {}_ie_i + k_2 \times {}_ie_q + k_3 \times {}_ie_l$ ersetzen. Der extensionalen Gleichzeitigkeit kann man in dieser Weise, mittels der Elementarvektoren, bei Extensionen von verschiedener Dimensionsart, dieselbe Intensionalität zuordnen wie bei den Extensionen der gleichen Art, nämlich, die intensionale Summierung. Wenn wir dies in der Modellvorstellung der geometrischen Vektordarstellung vergegenwärtigen, entspricht der Gleichzeitigkeit bei gleichen Dimensionsobjekten eine Summierung von Vektoren, welche parallel verlaufen, der Gleichzeitigkeit bei verschiedenen Dimensionsobjekten aber eine Vektorsummierung im Vektorraum.

Unsere „dreidimensionale" Anschauungsgröße ist also nun begrifflich bestimmt und mittels der folgenden Zeichenreihe wiedergegeben:

$${}_iX_g = k_1 \times {}_ie_i + k_2 \times {}_ie_q + k_3 \times {}_ie_l,$$

wobei das links stehende Zeichen nur eine Verkürzung der beschreibenden Reihe der „Gestalt" (g) ist.

Aus der vorigen Darstellung dürfte man schon etwas über die *Natur* der Sinnesmannigfaltigkeit sehen können. Die intensionalen Größen, welche in der Zeichenreihe eingehen, sind alle, sowohl die einstelligen als die zweistelligen Objekte, mittels „einfacher" Zeitenthebung aus den entsprechenden extensionalen Objekten, den Anschauungsgrößen erhalten. Die Struktur der Intensionalität gibt also diejenige der Extensionalität, der Sinnesmannigfaltigkeit direkt und in kongruenter Weise wieder. Die oben dargegebene Intensionsgröße gehorcht nun den Regeln der Addition und der Multiplikation, was am einfachsten in dem Auftreten der Summen- und der Multiplikationszeichen in ihrem Ausdruck zum Vorschein kommt. Wie anschaulich (weil gleichzeitig) ohne weiteres zu sehen ist, gilt dieses „gehorchen" bei der Extensionsgröße sowohl in betreff dem kommutativen als dem assoziativen Gesetz der Addition als auch den distributiven Gesetzen und dem assoziativen Gesetz der Multiplikation. Eine Mannigfaltigkeit, die diesen Gesetzen folgt, wird eine affine Mannigfaltigkeit (WEYL, S. 14 u. f.) benannt und wir können also die von uns beschriebene Sinnesmannigfaltigkeit als eine extensionale affine Mannigfaltigkeit bezeichnen. Diese Behauptung des affinen, linearen Charakters der extensionalen Anschauungsmannigfaltigkeit gründet sich also darauf, daß die aus ihr mittels der Operation der Zeitenthebung, d. h. des Übergangs von Extensionalität zur Intensionalität, vom Anschaulichen ins Begriffliche entstandene Begriffsmannigfaltigkeit einen affinen Charakter trägt.

Man kann auch sagen, daß in betreff unserer anschaulichen Mannigfaltigkeit die Axiome der Addition und Multiplikation gelten, wobei man sich nur erinnern muß, daß diese „Axiome" beim Extensionalen keine Setzungen sind, sondern anschauliche Evidenzen (siehe hierzu REENPÄÄ 1953).

Die Sinnesmannigfaltigkeit ist eine eigenartige, affine Mannigfaltigkeit. Die Möglichkeit der Wiedergabe der Anschauungsmannigfaltigkeit in begrifflichen Größen gründete in der Eigenmetrik der Anschauungsmannigfaltigkeit, in dem Bestehen der extensionalen Schwellen, der Elementarvektoren. Denn nur auf Grundlage dieser extensionalen Minimalgrößen konnten wir ein adäquates Maßsystem der, eben hierdurch als „entsprechend" bezeichneten, intensionalen Mannigfaltigkeit aufstellen. Man kann sagen, daß die Sinnesmannigfaltigkeit eine diskrete Mannigfaltigkeit ist, welche „aus einzelnen isolierten Elementen besteht". „Das Maß eines jeden Teiles einer solchen Mannigfaltigkeit ist durch die Anzahl der zu ihm gehörigen Elemente gegeben. So trägt eine diskrete Mannigfaltigkeit zufolge des Anzahlbegriffs das Prinzip ihrer Maßbestimmung, wie RIEMANN sagt, a priori in sich" (WEYL, S. 100—101). Die Sinnesmannigfaltigkeit als gegeben, nicht durch Konvention gesetzt, trägt, man dürfte so sagen können, ihre Maßbestimmung a priori in sich.

Eine weitere Analyse unserer Mannigfaltigkeit ergibt folgendes: Die eine Sinnesmannigfaltigkeit zusammensetzenden Anschauungsdimensionen sind, wie auch die extensionalen Einheitsvektoren, in gewisser Beziehung unabhängig voneinander. Hiermit meinen wir das folgende ganz anschauliche Verhalten. Eine jede extensionale Dimension kann sich ganz unabhängig verändern, d. h. ohne jede Änderung der übrigen Dimensionen. Welches ist die begriffliche, intensionale Entsprechung dieses evident-extensionalen Verhaltens? Offenbar wäre das eventuelle Auffinden dieser

Entsprechung von besonderem Gewicht zum Verstehen der Struktur der Mannigfaltigkeiten. Die bisherige Analyse hat sich mit Strukturen beschäftigt, die als affin und in einem gewissen Sinne metrisiert zu nennen sind (die beschriebene Eigenmetrik der verschiedenen Dimensionen). Dagegen ermangelt die Beschreibung der Struktur der Sinnesmannigfaltigkeit noch der Berücksichtigung dessen, daß die verschiedenen extensionalen Dimensionen dieser Mannigfaltigkeit voneinander unabhängig sind. Dieses extensionale „Unabhängig-voneinander-Sein" bindet die Mannigfaltigkeit zusammen und gibt ihr ihre „interdimensionale" metrische Struktur. Welches ist nun die intensionale Entsprechung dieses extensionalen interdimensionalen Verhaltens?

Wir können zum Auffinden dieser Entsprechung die intensionale geometrische Vektormannigfaltigkeit zu Hilfe nehmen. Zwei Vektoren a und b einer solchen Mannigfaltigkeit sind im intensionalen Sinne „unabhängig" voneinander, wenn sie als Koordinatenachsen eines Orthogonalsystems gewählt werden können. Dies findet statt, wenn ihre Richtungen einen Winkel bilden, dessen cosinus $= 0$ ist. Und dies gilt wenn die quadratische Form $Q(a, b) = 0$ ist, was besagt, daß das skalare Produkt der Vektoren null ist. Ganz deutlich hat das extensionale Unabhängig-Sein voneinander die intensionale Entsprechung des Begriffs des Verschwindens des skalaren Produkts bzw. bei vielen Vektoren der entsprechenden bilinearen Form (des Senkrecht-Seins). Dies kann uns in unserer Analyse der Sinnesmannigfaltigkeit weiterführen, obwohl wir uns dessen bewußt sind, daß die Einführung der intensionalen bilinearen bzw. quadratischen Formen als Entsprechung des „Abhängig-Seins" bzw. „Unabhängig-Seins" der extensionalen Dimensionen der weiteren Klärung bedarf. Das Problem dürfte mit Hilfe der mathematischen Analyse der metrischen linearen Räume, wie sie von Nevanlinna vorgenommen wurde, bearbeitet werden können.

Wir bilden also zur weiteren Analyse die quadratische Form, welche begrifflich dem anschaulichen Unabhängig-voneinander-Sein der Dimensionen der Sinnesmannigfaltigkeit entspricht. Die quadratische Form ergibt ausgerechnet:

$$Q(_iX_g) = Q(k_m \, _i e_n) = k_1^2 \, _i e_i^2 + k_2^2 \, _i e_q^2 + k_3^2 \, _i e_l^2,$$

(wobei $m = 1, 2, 3$ und $n = i, q, l$ ist).

Das Verschwinden der bilinearen Termen aus dem Ausdruck beruht darauf, daß die skalaren Produkte der Elementarvektoren in den Fällen gleich Null sind, wo die skalaren Produkte von zwei verschiedenen Elementarvektoren vorliegen (also z. B. $_ie_i\,_ie_q = 0$, und dies wegen der dargelegten entsprechenden Unabhängigkeit der Vektoren voneinander in diesen Fällen).

Wenn wir weiter berücksichtigen, daß wir die Elementarvektoren $_ie_n$ zur Maßeinheit nahmen und sie gleich 1 setzen können, wird die endgültige quadratische Form unserer begrifflichen Gestaltentsprechung:

$$Q(_iX_g) = k_1^2 + k_2^2 + k_3^2, \quad \text{wobei} \quad Q\left(_ie_n\,_ie_{n'}\right) = \begin{cases} 1\,(n = n') \\ 0\,(n \neq n') \end{cases}.$$

Die intensionalen Begriffsgrößen, die Vektoren $k_m\,_ie_n$, wie auch entsprechend die Elementarvektoren $_ie_n$, bilden, das ist der Inhalt dieser Gleichungen, ein **Cartesisches Koordinatensystem**. Da die Herleitung der Formeln ganz auf extensionaler Grundlage geschah, kann die Struktur auch der extensionalen Sinnesmannigfaltigkeit als Cartesisch bezeichnet werden. Desgleichen bezeugt die Form der obigen Gleichungen, daß die intensionale (Reiz-) Mannigfaltigkeit, wie auch die ihr zugrunde liegende extensionale Anschauungsmannigfaltigkeit **Euklidisch** sind; das Gelten der obigen **Pythagoreischen** Formel ist das Kennzeichen der Euklidischen Struktur.

Schließlich, bevor der Heranziehung der bis jetzt von der Behandlung ausgeschlossenen Zeitdimension, soll das Hauptsächliche des Obigen noch in Kürze rekapituliert werden, wobei auch besonders der Bedeutung der Intensionsgrößen gedacht werden soll. Das Wesentliche unserer Behandlung der Sinnesmannigfaltigkeit mit begrifflichen Größen ist, daß diese Größen von den entsprechenden anschaulichen Größen mittels „Zeitenthebung" gewonnen sind. Die so entstandenen Begriffe geben darum die Struktur der Sinnesmannigfaltigkeit ganz genau, „adäquat", kongruent wieder. Hierdurch wird sich die Struktur der anschaulichen, extensionalen Sinnesmannigfaltigkeit als eine affine, Pythagoreisch-Euklidische und mit Eigenmetrik versehene zeigen. Die mittels Zeitenthebung aus der Extensionalität erhaltenen, adäquaten Begriffe sind **ideale** (Reiz-)Begriffe. In der Wissenschaft, zumal in der Begrifflichkeit, welche im allgemeinen zur Beschreibung der Sinnesdaten, der „psychologischen" Verhältnisse herangezogen wird, sind die Intensionalitäten nicht in dieser Weise hergeleitet. Auch bei diesen, z.B. den physikalischen Begriffen, gibt es wohl einen Zusammenhang mit dem Sinnlich-Anschaulichen, obwohl dieser Zusammenhang ein weniger direkter, und oft schwer genau darzustellen ist. Da diese Begriffe oft zur Darstellung von Sinnesdaten verwendet werden und hierbei mittels ihnen sog. Reizverhältnisse beschrieben werden, Reizverhältnisse der ,,psychischen Sinnesdaten", die oft sogar als Kausalbeziehung aufgefaßt werden, könnte man auch die unsrigen Intensionsbegriffe als Reizgrößen bezeichnen. Sie wären dann in demjenigen Sinne adäquate Reize, daß sie die Sinnesmannigfaltigkeit kongruent wiedergeben, wenn mit diesem Ausdruck das Gelten der affinen und der Pythagoreisch-Euklidischen Struktur in den beiden Gebieten, in dem extensionalen und dem intensionalen Gebiet, verstanden wird. In dem Falle aber, wo die zur (Reiz-)Beschreibung herangeholten Begriffe oder Parameter ad hoc, arbiträr von der fertig vorliegenden Wissenschaft abgeholt werden, verändert sich die Sache; eine konforme Abbildung der Anschauungsmannigfaltigkeit mit diesen Begriffen ist nicht zu erwarten. Insbesondere ist es bei dieser Beschreibung nicht möglich, Summationen oder Integrationen im Gebiete der Begriffsgrößen vorzunehmen zur Abbildung von Extensionsgrößen, wie dies eben wegen der vollen Kongruenz in unserem Falle möglich ist. Solche adäquate ,,Reize", die das Angeschaute kongruent wiedergeben, sind wohl kaum im Begriffsvorrat der Wissenschaft zu finden und darum ist es eine wichtige praktische, obwohl auch theoretisch sehr aufklärende Aufgabe, die mit den wirklich vorliegenden Begriffen, den arbiträren Reizen vorgenommene und vorzunehmende Abbildung der Objekte der Sinnesmannigfaltigkeiten zu analysieren und durchzuarbeiten. Hierbei wird man nicht innerhalb der Struktur ,,im Großen" bleiben können, sondern das Zusammenbringen des Abzubildenden mit den mehr zufällig, anderswoher genommenen Reizparametern, muß sich der infinitesimalen Betrachtungsweise bedienen.

Wir kehren aber noch zum adäquaten Abbilden zurück und versuchen die Zeitdimension bei der Behandlung mitzuberücksichtigen. Wir haben schon früher hervorgehoben, wie die anschauliche Zeitlichkeit in derjenigen Hinsicht ein Doppeldasein besitzt, daß sie sowohl ein ein- wie ein zwei- bzw. mehrstelliges Objekt ist (REENPÄÄ 1952). Als zwei- oder mehrstelliges Objekt kennen wir sie in der Gleichzeitigkeit, welche die extensionale

Grundlage der intensionalen Konjunktion ist. Als einstelliges Objekt ist die anschauliche Zeitlichkeit das „Jetzt", daß die Wirklichkeit, die Aktualität jedes Erlebnisses ausmacht. Dieses „Jetzt" ist aber, wie schon hervorgehoben, von ganz kurzer Dauer, es ist gleichsam eine Dimension ohne Ausdehnung, ein nulldimensionierter Punkt der Mannigfaltigkeit. Das „Jetzt" ist jedenfalls bei jeder Anschauungsgestalt immer dabei. Wir können nun die Zweistelligkeit der Anschauungszeit mittels des Zeichens des zeitlichen Anbeiseins (:) in der die Extension der Gestalt wiedergebenden Zeichenreihe angeben. Das Zeiterleben als solches, als einstelliges Objekt, bezeichnen wir wieder mit dem Zeichen $_e e_t$, wobei der Charakter des „Jetzt" als Elementarzeit zum Ausdruck gebracht worden ist. Ein alle Anschauungsdimensionen, also auch die Anschauungszeit berücksichtigender Ausdruck einer Sinnesmannigfaltigkeit wäre hiernach die folgende:

$$_e X_{gt} = k_1 \times {_e e_i} : k_2 \times {_e e_q} : k_3 \times {_e e_l} : {_e e_t}.$$

Beim Übergang zum Intensionalen können wir hierzu eine, unseres Erachtens, natürlich erscheinende Ergänzung machen. Die Intension, die von der Aktualität enthobene Begrifflichkeit der oben bezeichneten extensionalen Gestalt, dauert eine Zeitlang in unserem Gemüt an, als Erinnerung des vormals Aktualen. Der Begrifflichkeit, welche der Gestalt entspricht, könnte hierdurch eine begriffliche Zeitlichkeit zugeschrieben werden, eine begriffliche Zeitlichkeit, die sich aber nur in die intensionale Vergangenheit „erstreckt"; die erinnerte Gestalt ist die Entsprechung der vielen „Jetzt-Gestalten", die in den vielen vergangenen Jetzt-Augenblicken da waren. Die intensionale Entsprechung der extensionalen „Gleichzeitigkeit des Jetzt" ($: _e e_t$) wäre somit eine ins Vergangene, d. h. vom Null-Punkt des intensionalen Jetzt sich um eine gewisse Anzahl (k_t) von Schritten ins intensionale Negative sich erstreckende begriffliche Zeitgröße ($- k_t \times {_i e_t}$).

Der Ausdruck der vollen intensionalen Sinnesmannigfaltigkeit wäre somit:

$$_i X_{gt} = - k_t \times {_i e_t} + k_1 \times {_i e_i} + k_2 \times {_i e_q} + k_3 \times {_i e_l},$$

oder verkürzt:

$$_i X_{gt} = {_i X_g} - k_t \times {_i e_t}.$$

Wenn wir wieder die quadratische Form bestimmen, erhalten wir:

$$Q(_i X_{gt}) = Q(_i X_g) - 2 k_t Q(_i X_g {_i e_t}) + k_t^2 Q(_i e_t).$$

Da nun die Größen $_iX_g$ und $_ie_t$ orthogonal zueinander stehen (die entsprechenden Anschauungsobjekte sind ja unabhängig voneinander in demselben Sinne wie es die Elementarvektoren der Intensität, der Qualität usw. es sind), ist die bilineare Form $Q(_iX_g\,_ie_t) = 0$. Weiter können wir den Elementarvektor der Zeit $= 1$ setzen, entsprechend wie bei den übrigen Elementarvektoren. Wir erhalten dann schließlich:

$$Q(_iX_{gt}) = k_t^2 + Q(_iX_g) = k_t^2 + k_1^2 + k_2^2 + k_3^2.$$

Unter voller Berücksichtigung auch der Zeitdimension bleibt also die quadratische Form, der die Metrik der Mannigfaltigkeit bestimmende Ausdruck, Pythagoreisch, was die Euklidische Struktur der entsprechenden vollen Sinnesmannigfaltigkeit dartut.

Zum Schluß der Behandlung der affinen Pythagoreisch-Euklidischen, mit Eigenmetrik versehen phänomenal-extensionalen Anschauungsmannigfaltigkeit und der ihre Struktur adäquat, d. h. kongruent wiedergebenden intensionalen Begriffsgrößen, wollen wir noch hervorheben, daß eine solche Abbildung der Sinneswirklichkeit Probleme und Aufgaben enthält, die wohl denjenigen analog sind, die in der mit exakten Begriffen beschreibenden Physik vorkommen, wenn diese ihre phänomenal beschränktere aber auch Pythagoreisch-Euklidische raumzeitliche Mannigfaltigkeit beschreibt. Wenn aber Dubien auftreten, ob die abzubildende „wirkliche" Mannigfaltigkeit Euklidischer Natur ist, treten in der Relativitätsphysik und wohl ebenso in der allgemeinen Phänomenologie Strukturprobleme und Abbildungsprobleme auf, die auch in dem uns hier beschäftigenden Fall, ähnlich wie in der Physik, auf infinitesimale Gedankengänge führt. Auch muß noch dessen erwähnt werden, daß es einer besonderen Untersuchung bedarf, um klarzulegen, ob die verschiedenen anschaulichen Mannigfaltigkeiten, welche den verschiedenen Sinnesgebieten entsprechen, alle Euklidisch sind, wie wir es in unserer allgemeinen Darstellung vorwegnahmen. Die eigene Natur der Sinnesmannigfaltigkeiten macht es aber schon a priori wahrscheinlich, daß dies bei allen Sinnesmodalbereichen gilt; die extensional-anschauliche „Unabhängigkeit" der Elementarvektoren und der Dimensionen voneinander (und ihre darauf beruhende intensional-begriffliche Orthogonalität) dürfte nämlich eine innewohnende Eigenschaft unserer Anschauungsmannigfaltigkeit sein.

Über die Darstellung (Abbildung) der Sinnesmannigfaltigkeit mittels eines arbiträren Parameters (mit einer nichtadäquaten Reizgröße).

Eine Folge der Euklidischen, „ebenen" Beschaffenheit der extensionalen Sinnesmannigfaltigkeit ist, daß ihre Struktur „im Großen" überall in der Mannigfaltigkeit mittels „adäquater" Begriffsstrukturen in kongruenter Weise abgebildet werden kann. In ähnlicher Weise eignet sich die Euklidische Begriffsgeometrie zur kongruenten Darstellung des Anschauungsraumes und die vierdimensionale Euklidische Zeit-Raum-Geometrie zur Wiedergabe derjenigen physikalischen Vorgänge, welche von der speziellen Relativitätstheorie berücksichtigt werden. Diejenige Begriffsstruktur, welche wir im vorigen zur kongruenten Darstellung der phänomenalen Mannigfaltigkeit skizzierten (die „ideale" Begriffsstruktur), genügt auch zu diesem Zwecke im entsprechenden Sinne; unsere vorhandene Wissenschaft enthält aber nicht ein solches System. Die Begriffe, zumal der Physik, sind in einer anderen Weise entstanden, als in der vorhin beschriebenen. Sie sind nicht direkte „Zeitenthebungen" aus der Phänomenalität, wie es die von uns dargelegten (idealen) Begriffe sind, sondern sie stehen, obwohl auch erfahrungs-, d. h. im Grunde anschauungsbegründet, öfters in einer weniger direkten Beziehung zur Phänomenalität. Wenn diese Begriffe dann zur Darstellung der Sinnesmannigfaltigkeit, zur Reizbeschreibung der Empfindungen verwendet werden, treten, wie es die Geschichte der Sinnes-Reizphysiologie und der exakte Methoden anstrebenden Wahrnehmungspsychologie zeigt, Schwierigkeiten auf, die man, wenn man das Problem überhaupt verstanden hat, im allgemeinen doch nicht richtig beurteilen konnte.

Im folgenden versuchen wir die Problemlage zu beleuchten, die entsteht, wenn mittels eines arbiträren Parameters, einer nichtadäquaten (Reiz-) Größe, die Sinnesmannigfaltigkeit beschrieben wird. Wir nehmen zuerst den einfachsten Fall zur Behandlung. Es sei die Sinnesmannigfaltigkeit, dessen Struktur zu beschreiben ist, eine zweidimensionale (die folgende Analyse gilt prinzipiell für jede Dimensionszahl), mit den adäquaten, also die Phänomenalität kongruent abbildenden ideal-begrifflichen Koordinaten (adäquaten Reizgrößen) x und y. Da der Begriffsvorrat der Wissenschaft diese Begriffe nicht enthält, versuchen wir die anschauliche Dimension, welche dem Begriffsvektor x entspricht, mittels eines uns von den vorliegenden Wissenschaften, meistens der Physik, zur Hand gestellten Begriffes (bezeichnet u) zu beschreiben. Die

Größe u ist also ein arbiträrer Parameter zur Beschreibung der extensionalen Dimension ($_ex$). Zwischen den Begriffsgrößen x, y (oder $_ex$, $_ey$) und u bestehen dann irgendwelche funktionale Beziehungen, die wir mit:

$$x = x(u) \quad \text{und} \quad y = y(u)$$

bezeichnen können. (Im folgenden sind alle Bezeichnungen solche von begrifflichen, intensionalen Größen; die extensionalen Größen werden nur im Text erwähnt.) Auf Grund der, trotz ihrer Eigenmetrik, anschaulichen Dimensionen, können wir auch diese begrifflichen Funktionen als stetig ansehen und desgleichen als differentierbar. Da sie unbekannt sind, ist es deutlich, daß ein Abbilden der Euklidisch „geraden" Extensionsdimension, deren begriffliche Entsprechung mit x angegeben ist, „im Großen" mit dem Parameter u nicht kongruent vor sich gehen kann. Wir können uns aber hier mit einer infinitesimalen Betrachtung helfen. Die anschaulich-phänomenale Struktur ist Euklidisch und dies gilt natürlich sowohl im großen als im ganz kleinen, im Unendlichkleinen der Mannigfaltigkeit. Das extensional Unendlichkleine der Sinnesmannigfaltigkeit ist das Schwellenmäßige in ihr, es sind die absoluten Erlebnisschwellen und die Erlebnisunterschiedsschwellen. (Diese extensionalen Schwellen dürften den Grund von allem begrifflich Unendlichkleinen bilden, welches aus ihnen mittels Zeitenthebung entstanden, gedacht werden kann.) Wenn es sich um das Unendlichkleine in betreff nur einer Dimension einer Anschauungsmannigfaltigkeit handelt, wie in dem jetzt zu behandelnden Falle, benennen wir die anschauliche Erlebnisschwelle eine absolute oder relative (Unterschieds-) Intensitäts-, Qualitäts- oder Lokalitäts- (z. B. Raum-) Schwelle. Die Bezeichnung der diesen extensionalen eindimensionalen Schwellen entsprechenden Begriffsschwellen sei, in dem jetzt zu behandelnden Falle mit seinen zwei Dimensionen, dx und dy, wobei zu bemerken ist, daß diese Größen keine Differentiale in der gewöhnlichen Bedeutung sind.

Wenn in der Anschauungsmannigfaltigkeit eine oben beschriebene unendlichkleine Verschiebung stattfindet, d. h. das Phänomenale sich um eine extensionale Schwelle ändert, kann die dieser Änderung entsprechende quadratische Form, wie früher dargelegt, begrifflich folgendermaßen bezeichnet werden:

$$ds^2 = dx^2 + dy^2,$$

wo ds die der Verschiebung der (zweidimensionalen) Euklidischen „Gestalt" entsprechende Begriffsgröße bedeutet.

Die Werte von dx^2 und dy^2 können wir nun mit Hilfe des uns bekannten (Reiz-) Parameters u wiedergeben, wenn wir die der adäquaten Veränderung dx entsprechende Veränderung von u mittels der Gleichung $dx = \frac{\partial x}{\partial u} du$ bezeichnen, wozu wir auf Grund der früher angegebenen Stetigkeit und Differenzierbarkeit der Gleichung $x = x(u)$ berechtigt sind. Entsprechend haben wir $dy = \frac{\partial y}{\partial u} du$. Beim Einsetzen dieser Werte in die obige Gleichung, erhält man:

$$ds^2 = \left[\left(\frac{\partial x}{\partial u}\right)^2 + \left(\frac{\partial y}{\partial u}\right)^2\right] du^2.$$

Das links vom Gleichheitszeichen stehende Zeichen ds^2 ist die adäquate begriffliche in quadratischer Form gegebene Darstellung der unendlichkleinen Anschaulichkeit, die rechts stehende Zeichenreihe ist die begriffliche Darstellung derselben Anschauungsgröße, aber mit Benutzung des arbiträren Parameters u. Dieser Ausdruck kann zwei verschiedene Fälle wiedergeben. Wenn erstens ds das Zeichen der intensionalen Entsprechung der extensionalen **absoluten Erlebnisschwelle** der Gestalt ist, ist der partielle Differentialquotient $\frac{\partial x}{\partial u}$ bei dieser ersten, der sog. absoluten unendlichkleinen Schwellengröße mit seinem Wert an der Stelle $x = 0$ zu nehmen. An dieser Stelle hat $\frac{\partial x}{\partial u}$ einen ganz bestimmten Wert, und dasselbe gilt in betreff dem Wert von $\frac{\partial y}{\partial u}$, da x und y orthogonal sind. An der absoluten Schwelle hat der in der Haken-Parenthese stehende Ausdruck also eine für den verwendeten Parameter charakteristische, konstante Größe. Hieraus ergibt sich für die absolute Schwelle (bezeichnet mit dem Index 0) die Formel $ds_0 = k\,du_0$. Dieser Ausdruck hat kein besonderes Interesse, da sie bei jedem Parameter gilt; der Wert von

$$k\left(= \left[\left(\frac{\partial x}{\partial u}\right)^2 + \left(\frac{\partial y}{\partial u}\right)^2\right]\right)$$

hat nur verschiedene Werte bei den verschiedenen Parametern. Man könnte doch bemerken, daß bei einer zweidimensionalen Mannigfaltigkeit jeder Koeffizient k unter Verwendung von zwei verschiedenen Parametern den gleichen Wert erhält, wie man leicht einsehen kann.

Der zweite von dem Differentialausdruck wiedergegebene Fall ist bedeutungsvoll. Hier ist ds das Zeichen der begrifflichen Entsprechung der „unendlichkleinen" extensionalen Unterschiedsschwelle. In diesem Falle verändert sich im allgemeinen der Wert des in der Parenthese stehenden Koeffizienten vom Punkt zu Punkt der Parameterkurve. Und dies bedeutet, daß die mittels des Parameters u bestimmte begriffliche Unterschiedsschwelle verschiedene Werte bei den verschiedenen extensionalen Unterschiedsschwellen und entsprechend bei verschieden großen Werten des Parameters u bekommt. Wir kennen diesen Sachverhalt gut aus der die Unterschiedsschwellen messenden Sinnesphysiologie; bei meistens ziemlich ad hoc gewählten Reizgrößen zur begrifflichen Beschreibung der anschaulichen Unterschiedsschwellen erhält man Größen (du), die den verschieden großen Werten der Grund-Reizgrößen (u) entsprechend verschiedene Werte aufzeigen. Ein Parameter (eine Reizgröße), mit deren Hilfe die Metrik der extensionalen Anschauungsgröße in dieser Weise wiedergegeben wird, kann mit Fug als eine arbiträre Reizgröße bezeichnet werden.

In dem Falle, daß der Differentialquotient $\frac{\partial x}{\partial u}$ an jedem Punkt der u-Kurve denselben Wert hat, der Quotient also eine Konstante ist, wobei auch $\frac{\partial y}{\partial u}$ konstant ist, da x und y orthogonale Koordinaten sind, wird auch der in der Parenthese stehende Ausdruck konstant ($= k$), und der die Metrik der Mannigfaltigkeit mittels des einen Parameters wiedergebende Ausdruck kann geschrieben werden:

$$ds = k\,du.$$

Es ist vielleicht angezeigt, bei dieser Formel etwas ausführlicher zu verweilen. ds ist das Zeichen der begrifflich-intensionalen, infinitesimalen Unterschiedsschwelle, die der anschaulich-extensionalen, infinitesimalen Unterschiedsschwelle entspricht (aus ihr mittels „Zeitenthebung" entstanden ist). Die extensionale Schwelle ist „in sich" unendlichklein, in dieser ihrer Eigenschaft sind alle Unterschiedsschwellen unter sich gleich und man kann sagen, daß ds ein Begriffszeichen ist, das einer extensionalen unendlichkleinen Invarianten entspricht. Die solcherart als Begriffsinvariante zu bezeichnende Größe ds (oder ds^2) ist gemäß der Formel proportional der Parameterzunahme du (bzw. du^2), und der Wert von $k\,du$ muß ihr gemäß also eine Invariante, eine Konstante sein, unabhängig vom Grundwert des Parameters u. Der Parameter (die arbiträre Reizgröße) gibt also die Verschiebung in der Sinnesmannigfaltigkeit, d. h. die nacheinanderfolgenden, „in sich" gleichen extensionalen Unterschiedsschwellen auch begrifflich als gleich groß wieder. In begrifflicher Sprache kann dies mit der Zeichenreihe $du =$ Konstante angegeben werden. Die Voraussetzung der Möglichkeit einer solchen Wiedergabe ist also, daß der arbiträre Parameter u eine lineare Funktion von x, der adäquaten (idealen) Koordinate (und folglich dann auch von y) ist, denn nur in diesem Falle ist $\frac{\partial x}{\partial u}$ (und $\frac{\partial y}{\partial u}$) konstant. Wenn wir also im Verlaufe des Suchens nach adäquaten Reizgrößen zur Beschreibung der Metrik einer Sinnesmannigfaltigkeit eine solche Parametergröße (u) finden, unter deren Verwendung den gleichen extensionalen Unterschiedsschwellen gleich große Veränderungen (du) dieser Größe entsprechen, bedeutet es, daß die gefundene Größenart (u) im linearen Verhältnis zur adäquaten Idealreizgröße (x) steht. In unserem Fall mit den zwei Dimensionen kann dies geometrisch so veranschaulicht werden, daß in der ebenen (Euklidischen) orthogonalen Koordinatenfläche, welche von den geradlinigen, die Anschauungsdimensionen adäquat wiedergebenden Achsen x und y „aufgespannt" ist, die Parametergröße u von einer Geraden repräsentiert ist. In diesem Sinne kann auch gesagt werden, daß eine Unterschiedsschwellenregel von der Form $du =$ Konstante unsere zweidimensionale, „in sich" ebene Sinnesmannigfaltigkeit mittels eines „nichtgekrümmten" Reizparameters metrisch beschreibt. In diesem Fall ist $\frac{\partial x}{\partial u} =$ Konstante und der die Krümmung in betreff der x-Achse wiedergebende Ausdruck $\frac{\partial^2 x}{\partial u^2} = 0$. In dem Falle des Nichtgeltens der obigen Formel der Metrik, kann entsprechend gesagt werden, daß der Reizparameter, weil von einer in der adäquaten Ebene verlaufenden krummen Linie repräsentiert $\left(\frac{\partial x}{\partial u} \text{ veränderlich, } \frac{\partial^2 x}{\partial u^2} \neq 0\right)$ eine „Krümmung" besitzt.

Unser intensionaler Ausdruck $dx = k\, du$ gibt also eine in derjenigen Hinsicht ausgezeichnete begriffliche Beschreibung der Anschauungsmannigfaltigkeit, daß er, in unserem zweidimensionalen Fall der anschaulich-innewohnenden „Ebenheit" der Mannigfaltigkeit, diese mittels einer (in dieser Mannigfaltigkeit) linearen Begriffsgröße metrisch abbildet. Man kann sich leicht vorstellen, daß in mehrdimensionalen Sinnesmannigfaltigkeiten das oben Dargelegte mutatis mutandis gilt. Die Linearität (im Verhältnis zum adäquaten Begriffskoordinatensystem) ist immer diejenige Eigenschaft der intensionalen Begriffsparameter (Reizgrößen), die der mit einem Parameter zu beschreibenden Metrik der Mannigfaltigkeit die obige einfache Form gibt. Wir werden später zeigen, daß diese Darstellungsform der Metrik noch in einer ganz besonderen Weise die Ausgezeichnete ist unter allen möglichen Formen der Abbildung. Jedenfalls sehen wir schon, daß sie nächst der volladäquaten (idealen) Darstellungsart mit Begriffen, die direkt aus dem Anschaulichen zeitenthoben sind, die formal einfachste ist, entsprechend dem Verhalten, daß die linearen Funktionen die einfachsten Funktionen nächst der Identität sind.

Um der vorigen Darlegung eine auch den anschaulichen, extensionalen Teil berücksichtigende Form zu geben, können wir wie folgt verfahren. Die „Entsprechung" des Extensionalen, Anschaulichen und des Intensionalen, des Begrifflichen, oder was dasselbe in anderer Ausdrucksart ist, die Zeitenthebung des Begrifflichen aus dem Anschaulichen, bezeichnen wir mit dem Zeichen der Implikation ($\supset$) (s. REENPÄÄ 1950 und 1952), welcher ein zweistelliger intensionaler Begriff ist. Bei Verwendung dieses Begriffes können wir die Zeichen von Objekten heterogener Art, wie diejenigen der Extensionen und Intensionen in einer Zeichenreihe vereinigen. Die Implikation besagt, etwas schematisierend, daß wenn dasjenige Verhalten gilt, welches von den Zeichen auf der linken Seite des Implikationszeichens angegeben wird, so gilt auch dasjenige von den Zeichen rechts vom Implikationszeichen wiedergegebene Verhalten. Wir verwenden die Implikation so, daß wir links von diesem Zeichen das Anschaulich-Extensionale, rechts von ihm das Begrifflich-Intensionale stellen. Die Implikation besagt dann, daß „wenn das Anschauungsobjekt besteht, wirklich d. h. zeitlich da ist, so ist das es dargebende (das aus ihm „zeitenthobene", das ihm „entsprechende") Begriffsobjekt wahr. (Bei vielen wirklichen Anschauungen, Wahrnehmungen einer bestimmten Art, ist immer derselbe Begriff bestehend, wahr, die Anschauung in diesem Sinne adäquat wiedergebend.)

Wenn wir mit de die infinitesimale Anschauungsinvariante der Schwellenverschiebung in unserer zweidimensionalen Sinnesmannigfaltigkeit bezeichnen und mit du den sie in der besprochenen Art dargebenden Parameterbegriff, so besagt die Implikation der extensionalen und der intensionalen Größe

$$de \supset du,$$

daß, wenn eine Minimalverschiebung, eine Schwelle des Erlebens (wirklich) besteht (de), so kann sie mittels des immer gleich großen Schwellenreizbegriffes (du) dargegeben werden. Der Implikationsausdruck gibt also in Zeichensprache alles dasjenige wieder, was die hier früher benutzte, rein begriffliche Sprache nur mittels Hilfe von erklärendem Text darlegen konnte.

Die Ausdrücke

$$ds^2 = \left[\left(\frac{\partial x}{\partial u}\right)^2 + \left(\frac{\partial y}{\partial u}\right)^2\right] du^2, \qquad ds = k\,du \quad \text{und} \quad de \supset du$$

sind, in sinnesphysiologischer Terminologie, Formeln der Unterschiedsschwellen. Der erste Ausdruck ist diejenige der allgemeinen Abbildung, die zwei letzten Formeln solche der linearen Abbildung des zweidimensionalen Sinneseindrucks mittels eines Reizgrößenparameters. Da die Formeln der Unterschiedsschwellen zur klassischen, zuerst von WEBER und FECHNER behandelten messenden Sinnesphysiologie gehören, wollen wir diese Frage in anderem Zusammenhang vom Standpunkt der Geschichte der verschiedenen Reizformeln berühren.

Zum richtigen Verstehen des oben Dargegebenen, ist zu beachten, daß die Darlegung der Sinnesmannigfaltigkeit mittels des Parameters darauf beruhte, daß dieser (der eine Parameter) in dem mehr- (hier zwei-) dimensionalen „Raum" „eingebettet" ist, welcher von den adäquaten intensionalen Begriffsgrößen (x und y) gebildet ist. Man kann eine Abbildung einer Sinnesmannigfaltigkeit geben, auch ohne diese „Einbettung" in einem mehrdimensionalen „Raum". Diese Darstellungsmethode soll in den folgenden Kapiteln angegeben werden, wobei auch der Abbildung mit zwei Parametern, welche oft in der Sinnesphysiologie und der Psychologie vorkommt, berücksichtigt werden soll.

Darstellung der extensionalen Sinnesobjekte in der Sinnesmannigfaltigkeit mittels intensionaler Vektorenbegriffe. Über „geodätische" Reizgrößenbeschreibung in „linearen" Reizgrößenmannigfaltigkeiten.

Im folgenden versuchen wir die begrifflichen Reizgrößen als Vektoren in der Reizgrößenmannigfaltigkeit zu beschreiben. Wie im vorigen Kapitel, bezeichnen wir auch hier nur begriffliche Größen und wollen nur im Text Bezug auf das Extensionale nehmen. Hier soll aber nicht, wie bisher, der beschreibende Reizgrößenvektor in einer intensionalen Mannigfaltigkeit „eingebettet" sein. Auch sollen, in betreff der Dimensionszahl sowie in betreff der Art der Reizmannigfaltigkeit keine besonderen Voraussetzungen gemacht werden.

In der Reizgrößenmannigfaltigkeit seien die Koordinaten einer Stelle mit x_i bezeichnet (eigentlich bedeuten die x_i hier Koordinatenzunahmen; wir wollen in einem anderen Zusammenhang hierüber das Nähere berichten), wobei i der laufende Index der verschiedenen Koordinaten ist. Die Koordinaten einer zu dieser unendlich benachbarten Stelle können dann mit $x_i + dx_i$ angegeben werden. Der erstgenannten Stelle der Mannigfaltigkeit sei ein Reizvektor (eine Reizvektorzunahme) zugeordnet mit den Komponenten ξ^i (der obenstehende Index i bezeichnet die Komponente als eine solche von kontravarianter Art; es würde zu weit führen, hier die Bedeutung dieses Ausdrucks darzulegen). Wenn dieser Vektor (Vektorzunahme) zu einer unendlich benachbarten Stelle verschoben wird, was begrifflich einer unendlichkleinen, schwellenmäßigen Veränderung in der Anschauungsmannigfaltigkeit entspricht, kann die Verschiebung in der Weise erfolgen, daß der Reizvektor **parallel** zu sich bleibt. Was dies bedeutet werden wir bald sehen. Wenn die Verschiebung eine parallele ist, bezeichnen wir die neuen Werte der Komponenten der Vektorzunahme mit $\xi^i + d\xi^i$. In betreff der parallelen Reizvektorverschiebung gelten, da im Unendlichkleinen alles linear und affin ist, wie auch in unserem Fall der Sinnesmannigfaltigkeit, die Gleichungen:

$$d\xi^i + d\gamma_r^i \, \xi^r = 0,$$

wobei die $d\gamma_r^i$ Linearformen der Differentiale dx_i sind und mittels der Gleichungen

$$d\gamma_r^i = \Gamma_{rs}^i (dx)^s$$

wiedergegeben werden können. Die Zahlkoeffizienten Γ werden die „Komponenten des affinen Zusammenhangs" genannt. Das Gelten dieser Gleichungen gibt an, daß der Reizvektor (die Vektorzunahme) an der betreffenden Stelle stationär ist, d. h. daß er bei der Parallelverpflanzung **ungeändert** bleibt (WEYL, S. 113).

Ein Koordinatensystem, das eine solche Verpflanzung der Vektoren gestattet, heißt **geodätisch** an der betreffenden Stelle. Die Komponenten des affinen Zusammenhangs Γ sind stetige Funktionen der Koordinaten x_i, wodurch die Größen $d\gamma_r^i$ verschiedene Werte an den einzelnen Stellen der Mannigfaltigkeit erhalten. Durch geeignete Wahl des Koordinatensystems, also bei uns des Reizparametersystems, kann man aber die Zahlkoeffizienten Γ an einer einzelnen Stelle zum Verschwinden bringen. Dann verschwinden, wie aus den Formeln ersichtlich, auch die Koeffizienten $d\gamma_r^i$, und die Differentiale $d\xi^i$ werden an dieser Stelle der Mannigfaltigkeit auch $= 0$, d. h. die Vektorenkomponenten (die Komponenten der Vektorzunahmen) ξ^r selbst bleiben hier konstant, stationär.

Wenn wir zur Beschreibung der parallelen Vektorpflanzung einen arbiträren Parameter u gebrauchen, können, unter Benutzung der Koeffizienten des affinen Zusammenhangs, die Gleichungen der beständigen Parallelverschiebung geschrieben werden (WEYL, S. 116):

$$\frac{d^2 x}{d u^2} + \Gamma^i_{rs} \frac{d x_r}{d u} \frac{d x_s}{d u} = 0.$$

In unserem Fall der begrifflichen Beschreibung der Sinnesmannigfaltigkeit bedeuten die Argumente der obigen Gleichung: x die adäquaten Koordinaten, u also den arbiträren, beschreibenden Reizparameter. Die Indizes r und s geben verschiedene Koordinatenwerte an. Der obige Ausdruck gibt die Geodäzität der Veränderung der Vektorverschiebung, d. h. des Reizparameters im Vektorraum dar. Wenn die Komponenten des affinen Zusammenhangs $\Gamma = 0$ werden, bekommen wir den „krümmungsfreien" Fall der Reizvektorenbeschreibung. Dann wird $\frac{d^2 x}{d u^2} = 0$ und $\frac{d x}{d u}$ erhält einen konstanten Wert an der betreffenden Stelle. In diesem Falle also, wo die Reizübertragung innerhalb der beschreibenden Mannigfaltigkeit geodätisch vor sich geht, ist das Verhältnis des verwendeten Parameters, der Reizgrößen (u) zu den Koordinaten der Mannigfaltigkeit (x) eine lineare, $dx = k\, du$; und demgemäß ist die „Krümmung" $\left(\frac{d^2 x}{d u^2}\right)$ der Reizparameterkurve an dieser Stelle in dem begrifflich die Anschauungsmannigfaltigkeit beschreibenden Raume $= 0$.

Die beschriebene beständige Parallelverschiebung der Reizvektoren ist im allgemeinen nicht integrabel, d. h. der Vektor zu dem man gelangt, wenn man ihn zu der unendlichwenig von der Ursprungsstelle abweichenden Stelle verschoben hat, ist von dem Verschiebungswege abhängig. Wenn aber der Vektor unabhängig vom Verschiebungswege überall der gleiche bleibt, der Reizvektor also in der Reizmannigfaltigkeit überall den gleichen Wert hat, entsprechend der Gleichheit der evidenten, „gegebenen" Anschauungsgrößen im Anschauungsraum, dann ist die Integrabilität im Reizgrößenraum vorhanden. Aber ein solcher „Raum" ist eben der überall „krümmungsfreie" Euklidisch-affine Raum (in dem die Komponenten des affinen Zusammenhangs überall verschwinden).

Da die Anschauungsmannigfaltigkeit, wie dargelegt, eine „in sich" Euklidisch-affine ist, ist das Ergebnis auch der in diesem Kapitel versuchten Darlegung der Reizbeschreibung dieser Mannigfaltigkeit (natürlich) dasselbe wie im vorigen Kapitel, aber dargestellt in einer mehr allgemeinen Weise. Nur solche Reizgrößen können die Anschauungsmannigfaltigkeit geodätisch beschreiben, welche einen „krümmungsfreien" Verlauf in der adäquaten Reizmannigfaltigkeiten besitzen. Wenn ein jeder „Verlauf" des Reizparameters in dieser Mannigfaltigkeit „krümmungsfrei", geodätisch ist, ist er eine lineare Funktion der Koordinaten einer Euklidisch-affinen (idealen) Reizmannigfaltigkeit.

Im Falle der Geodäzität der Reizübertragung darf eine Integration der „Reizübertragung", d. h. eine Summierung von Reizgrößen stattfinden, entsprechend einer Summierung der Anschauungsgrößen. Dies bedeutet in der Sprache der Sinnesphysiologie und der Psychologie, daß gleichen Summen von (gleichen) Erlebnisschwellen, also gleich großen Erlebnissen im allgemeinen, gleiche Summen von gleichen Reizschwellen entsprechen. Die Frage der genauen Summation (von Reizgrößen) sowie diejenigen der sog. „Verstärkung" und der „Hemmung" auf dem Gebiete der Psychologie und Sinnesphysiologie sollten darum unter Berücksichtigung dieser Verhältnisse untersucht werden. Besonders ist zu beachten, daß ein richtiges Verständnis der Bedeutung der Abhängigkeit der Phänomene der Summation, Verstärkung und Hemmung (s. REENPÄÄ 1936) von der Wahl der Reizparameter eine Berücksichtigung des Problems der Struktur der Sinnesmannigfaltigkeit und ihrer Begriffsbeschreibung voraussetzt.

Über die Abbildung einer Sinnesmannigfaltigkeit mit Hilfe von zwei Reizparametern.

Die infinitesimale Betrachtung des vorigen Kapitels ermöglichte die Behandlung der Sinnesmannigfaltigkeit mit Hilfe von arbiträren Reizgrößen. Die verwendete Darstellungsart ist darin begründet, daß die Anschauungsmannigfaltigkeit in sich eine Struktur hat, welche der infinitesimalen Behandlung zugänglich ist; möglicherweise sogar der anschauliche Urtypus von allem Begrifflichinfinitesimalen ist.

Nun soll die infinitesimale Betrachtungsmethode dazu verwendet werden, die Frage der Beschreibung der Anschauungsmannigfaltigkeit mit zwei Reizparametern zu beleuchten. Wir haben die begriffliche Reizgrößenmannigfaltigkeit als einen RIEMANNschen Raum beschrieben, in dem der eine Reizparameter als eine Vektorgröße dargestellt wurde. Es sei die Reizmannigfaltigkeit auch weiterhin eine RIEMANNsche Mannigfaltigkeit, in dem aber jetzt das Anschauliche mittels zweier Reizparameter wiedergegeben werden soll. Wir bezeichnen diese arbiträren Parameter mit u^i und v^i (wobei die Parameter, da sie als zu verschiebende Vektoren zu behandeln sind, als kontravariante Vektoren [Indizes oben] genommen sind). Wir haben darum bei Parallelverschiebung (WEYL, s. 133)

$$d(u_i v^i) + (u_i v^i) d\varphi = 0.$$

Wenn es sich um eine geodätische Verschiebung im Koordinatenraum handelt, ist nach dem früher Dargelegten, $d\varphi = 0$, und demgemäß auch $d(u_i v^i) = 0$, oder $u_i v^i =$ Konstante.

Bei der Beschreibung einer Anschauungsgröße mit zwei arbiträren Reizparametern sollte also das Produkt dieser Parameter in dem Falle eine Konstante sein (d. h. unabhängig davon sein, wie groß die einander zugeordneten Komponenten an den Parameterachsen des Vektors [u und v] sind, welcher die Reizgröße beschreibt), wenn die Reizparameter so gewählt sind, daß entsprechend der Anschauungsveränderung, d. h. der Anschauungsschwelle, die Reizgrößenverschiebung geodätisch geschieht. In dem Falle, daß die mittels der Parameter „aufgespannte" Reizmannigfaltigkeit im Verhältnis zur Anschauungsmannigfaltigkeit linear ist, gilt dies überall im Vektorenraum, und die Konstanz betrifft auch Parameterprodukte, welche überschwelligen Anschauungsgrößen entsprechen (Integrabilität der Vektorübertragung). Wenn in dem beschriebenen Fall auch die Anschauungsgrößen formal bezeichnet werden, kann dies, entsprechend, wie im Falle mit nur einem Reizparameter, folgendermaßen geschehen. Die schwellenmäßige Anschauungsveränderung, die invariant (konstant) ist, sei mit de angegeben, die „Entsprechung" zur Begriffsgröße mit dem Inplikationszeichen ⊃ und die Reizgrößenparameter mit u und v. Die Formel wird dann

$$de \supset u\,v.$$

Wenn wir in der messenden Sinnesphysiologie Regeln finden, welche z. B. entsprechend der absoluten Erlebnisschwelle ein konstantes Produkt von zwei, das Erleben beschreibender Größen kundtun, haben wir eine Illustration des obigen Verhaltens. Wenn z. B. bei der absoluten Schwelle des Gesichtssinnes das Produkt aus physikalischer Lichtintensität (i) und geometrischer Flächengröße (f) eine Konstante ist, $i\,f =$ Konstante, (RICCOsche Regel) und ebenso in anderen bekannten Fällen, so dürfte die Erklärung zu diesem Verhalten also darin liegen, daß die arbiträren Größen der Reizbeschreibung, Lichtintensität und Flächengröße (diese Größen stehen nicht in linearem Verhältnis zur adäquaten, der Anschauung der Intensität bzw. der Flächengröße gemäßen Reizbeschreibung) entsprechend der extensional-infinitesimalen Schwellenanschauung (der absoluten Schwelle) eine begriffliche, hier am Nullpunkte der Mannigfaltigkeit als geodätisch zu beschreibende Verschiebung erfahren. In einem anderen Zusammenhang möchte ich zur Frage der Konfrontation der bekannten Beispiele der Sinnesphysiologie mit der hier vorgetragenen Auffassung vom Wesen der Beschreibung der Sinnesmannigfaltigkeit noch zurückkommen.

Zum Schluß wollen wir nochmals dessen erwähnen, welcher der Grundgedanke der Darstellung ist. Er ist der KANTische Gedanke von der Priorität des Anschaulichen im Verhältnis zum Begrifflichen in der Struktur des Verstandes. Darum ist es ganz gemäß dem Wesen des Verstandes, zuerst die phänomenale Strukiur der Sinnesmannigfaltigkeit zu untersuchen und erst nachher eine Neubeschreibung von ihr mittels vorhandener Begriffsstrukturen vorzunehmen. Die phänomenale Struktur ist, so dürfte man im KANTIschen Sinne sagen können, der ,,Grund" alles Strukturiert-Seins, und vielleicht nicht nur des in der Sinnesphysiologie zu gebrauchenden Begriffsbeschreibens, sondern möglicherweise der begrifflichen Strukturen überhaupt, mögen diese mit dem Phänomenalen kongruent oder nichtkongruent sein. In diesem Sinne dürfte das über die Strukturentsprechung des Extensionalen und des Intensionalen Vorgetragene als ein Versuch der Analyse der Struktur des Verstandes aufgefaßt werden können.

Meinem Freund, dem Akademiker, Professor ROLF NEVAN-LINNA, möchte ich auch an dieser Stelle für Durchsicht der Arbeit und wertvolle Hilfe herzlich danken.

Literatur.

KANT, IMMANUEL: Kritik der reinen Vernunft. Reclams Universal-Bibliothek No. 6461—6470. Leipzig 1944. — NEVANLINNA, ROLF: Über metrische lineare Räume. I., II. u. III. Ann. Acad. Sci. fenn., Ser. A Mathematica-Physica, Nr. 108, 113 u. 115, 1952. — REENPÄÄ, YRJÖ: Die Dualität des Verstandes. Sitzgsber. Heidelberger Akad. Wiss., Math.-naturwiss. Kl., 7. Abh. 1950. — Der Verstand als Anschauung und Begriff. Ann. Acad. Sci. fenn., Ser. B **76**, 1 1952. — Axiomatik der Anschauungs-Mannigfaltigkeit. Ann. Acad. Sci. fenn., Ser. A Mathematica-Physica 1953. — RENQVIST-REENPÄÄ, Y.: Allgemeine Sinnesphysiologie. Wien: Springer 1936. — WEYL, HERMANN: Raum. Zeit. Materie. Berlin: Springer 1923.

Jahrgang 1942.
1. E. GOTSCHLICH. Hygiene in der modernen Türkei. DM 0.60.
2. Studien im Gneisgebirge des Schwarzwaldes. XIII. O. H. ERDMANNSDÖRFFER. Über Granitstrukturen. DM 1.60.
3. J. D. ACHELIS. Die Überwindung der Alchemie in der paracelsischen Medizin. DM 1.40.
4. A. BENNINGHOFF. Die biologische Feldtheorie. DM 1.—.

Jahrgang 1943.
1. A. BECKER. Zur Bewertung inkonstanter α-Strahlenquellen. DM 1.—.
2. W. BLASCHKE. Nicht-Euklidische Mechanik. DM 0.80.

Jahrgang 1944.
1. C. OEHME. Über Altern und Tod. DM 1.—.

1945, 1946 und 1947 sind keine Sitzungsberichte erschienen.

Ab Jahrgang 1948 erscheinen die „Sitzungsberichte" im Springer-Verlag.

Inhalt des Jahrgangs 1948:
1. P. CHRISTIAN und R. HAAS. Über ein Farbenphänomen. DM 1.50.
2. W. BLASCHKE. Zur Bewegungsgeometrie auf der Kugel. DM 1.—.
3. P. UHLENHUTH. Entwicklung und Ergebnisse der Chemotherapie. DM 2.—.
4. P. CHRISTIAN. Die Willkürbewegung im Umgang mit beweglichen Mechanismen DM 1.50.
5. W. BOTHE. Der Streufehler bei der Ausmessung von Nebelkammerbahnen im Magnetfeld. DM 1.—.
6. W. TROLL. Urbild und Ursache in der Biologie. DM 1.50.
7. H. WENDT. Die JANSEN-RAYLEIGHsche Näherung zur Berechnung von Unterschallströmungen. DM 2.40.
8. K. H. SCHUBERT. Über die Entwicklung zulässiger Funktionen nach den Eigenfunktionen bei definiten, selbstadjungierten Eigenwertaufgaben. DM 1.80.
9. W. SCHAAFF. Biegung mit Erhaltung konjugierter Systeme. DM 1.80.
10. A. SEYBOLD und H. MEHNER. Über den Gehalt von Vitamin C in Pflanzen. DM 9.60.

Inhalt des Jahrgangs 1949:
1. H. MAASS. Automorphe Funktionen und indefinite quadratische Formen. DM 3.60.
2. O. H. ERDMANNSDÖRFFER. Über Flasergranite und Böllsteiner Gneis. DM 1.20.
3. K. H. SCHUBERT. Die eindeutige Zerlegbarkeit eines Knotens in Primknoten. DM 2.80.
4. K. HOLLDACK. Grenzen der Herzauskultation. DM 4.20.
5. K. FREUDENBERG. Die Bildung ligninähnlicher Stoffe unter physiologischen Bedingungen. DM 1.—.
6. W. TROLL und H. WEBER. Morphologische und anatomische Studien an höheren Pflanzen. DM 7.80.
7. W. DOERR. Pathologische Anatomie der Glykolvergiftung und des Alloxandiabetes. DM 9.80.
8. W. THRELFALL. Knotengruppe und Homologieinvarianten. DM 1.50.
9. F. OEHLKERS. Mutationsauslösung durch Chemikalien. DM 3.80.
10. E. SPERNER. Beziehungen zwischen geometrischer und algebraischer Anordnung. DM 3.—.
11. F. HELLER. Ursus (Plionarctos) stehlini Kretzoi. DM 4.80.
12. W. RAUH. Klimatologie und Vegetationsverhältnisse der Athos-Halbinsel und der ostägäischen Inseln Lemnos, Evstratios, Mytiline und Chios. DM 10.50.
13. Y. REENPÄÄ. Die Schwellenregeln in der Sinnesphysiologie und das psychophysische Problem. DM 1.60.

GPSR Compliance

The European Union's (EU) General Product Safety Regulation (GPSR) is a set of rules that requires consumer products to be safe and our obligations to ensure this.

If you have any concerns about our products, you can contact us on

ProductSafety@springernature.com

In case Publisher is established outside the EU, the EU authorized representative is:

Springer Nature Customer Service Center GmbH
Europaplatz 3
69115 Heidelberg, Germany